BEI GRIN MACHT SICH IHR WISSEN BEZAHLT

- Wir veröffentlichen Ihre Hausarbeit, Bachelor- und Masterarbeit

- Ihr eigenes eBook und Buch - weltweit in allen wichtigen Shops

- Verdienen Sie an jedem Verkauf

Jetzt bei www.GRIN.com hochladen und kostenlos publizieren

Sonja Rieber

Massenverlagerungen in den österreichischen Alpen: Verbreitung, Formen, Häufigkeit

GRIN Verlag

Bibliografische Information der Deutschen Nationalbibliothek:

Die Deutsche Bibliothek verzeichnet diese Publikation in der Deutschen National-
bibliografie; detaillierte bibliografische Daten sind im Internet über http://dnb.d-
nb.de/ abrufbar.

Impressum:

Copyright © 2007 GRIN Verlag GmbH
Druck und Bindung: Books on Demand GmbH, Norderstedt Germany
ISBN: 978-3-640-16029-7

Dieses Buch bei GRIN:

http://www.grin.com/de/e-book/114486/massenverlagerungen-in-den-oesterreichi-
schen-alpen-verbreitung-formen

Eberhard-Karls-Universität Tübingen
Geographisches Institut
SS 2007, 31.05.07
Österreichische Alpen und Alpenvorland

Thema:

Massenverlagerungen in den österreichischen Alpen: Verbreitung, Formen, Häufigkeit

Vorgelegt von:
Sonja Rieber

<u>**Inhaltsverzeichnis**</u>

1   <u>Einleitung</u>

Massenverlagerungen in den Alpen erfahren in den Medien zunehmende Beachtung. Auch im letzten Jahr sorgten zwei Vorkommnisse für Schlagzeilen. Am 31.5.2006 kamen zwei Menschen in der Schweiz durch Steinschlag am Gotthard ums Leben.

Das zweite Ereignis geschah wenig später: Im Juli 2006 kam es auch in Österreich, am Eiger, zu Felsstürzen, die in den Medien allgemein als Folge der abschmelzenden Gletscher beschrieben wurden. Bei diesen beiden Bewegungen handelt es sich um kleinere Ereignisse, die in Relation zu den zahlreichen großen Massenabgängen der Alpen von untergeordneter Bedeutung sind. Dennoch verdeutlichen sie die Problematik der Massenbewegungen: Durch dichtere Besiedlung und eine immer bedeutender werdende Rolle der Alpen als Wirtschaftsraum, steigt die Anfälligkeit und damit auch die Gefahr durch Naturereignisse wie Massenbewegungen. Sowohl Erkenntnisse über die Ursachen dieser Ereignisse als auch Möglichkeiten zur Vorhersage und gegebenenfalls Prävention oder zumindest Schadensreduzierung werden folglich für die betroffenen Alpenländer immer wichtiger.

Hinzu kommen neuere Untersuchungen über das Alter mehrerer großer Bergstürze in den Alpen, die dafür sprechen, dass Katastrophen dieses Ausmaßes in den heutigen Klimaverhältnissen möglich sind. Auch durch die Klimaerwärmung erfährt das Thema ungeahnte Aktualität. Das Ökosystem der Alpen reagiert durch den Rückgang der Gletscher und des alpinen Permafrostes empfindlich auf die Auswirkungen des globalen Temperaturanstieges.

Noch ist nicht eindeutig geklärt, in welchem Maße sich diese veränderten Bedingungen auf die Häufigkeit und Größe von Massenbewegungen auswirken. Es gibt jedoch Anzeichen und erste Anhaltspunkte dafür, dass es zu einer Zunahme von Massenbewegungen kommen könnte.

Die vorliegende Arbeit gibt einen Überblick über die Verbreitung die Formen und die Häufigkeit von Massenverlagerungen speziell in den österreichischen Alpen. Begonnen wird mit einer Definition von Massenbewegungen oder –verlagerungen. Aus dieser Definition ergeben sich die verschiedenen Formen von Massenbewegungen, wobei die wichtigsten kurz beschrieben werden.

Anschließend wird auf ihre Verbreitung in den Österreichischen Alpen mit einigen Beispielen eingegangen

Der nächste Teil beschäftigt sich mit der Häufigkeit von Massenbewegungen. Hierbei spielt das Alter von Massenbewegungen sowie die Art eine Rolle.

2 <u>Hauptteil</u>

2.1 Definition und Formen von Massenverlagerungen

RAETZO & LATELTIN (2003: 73) beschreiben eine Massenbewegung zunächst als „hangabwärts gerichtete Verlagerungen von Fest- und/oder Lockergesteinen". Eine genauere Definition findet sich bei LESER (1997: 496). Hier wird zwischen der geowissenschaftlichen Definition der Massenbewegung als einem Materialtransport im weitesten Sinne und einer für diese Arbeit treffenderen geomorphologischen Definition unterschieden. Nach LESER (1997: 496) werden in der Geomorphologie „alle Bewegungen von gleitendem, rutschendem und stürzendem Boden-, Hangschutt-, und Gesteinsmaterial unter ausschließlichem Einfluß der Schwerkraft auf geneigten Hängen und ohne wesentliche Beteiligung bewegter Medien, z. B. Eis, Wasser oder Wind" als Massenbewegungen beziehungsweise gravitative Massenbewegungen, in Abgrenzung vom Massentransport (mit Beteiligung bewegter Medien), bezeichnet.

Weiter unterscheiden RAETZO & LATELTIN (2003: 73) Massenbewegungen in Sturzprozesse (Stein- und Blockschlag, Fels- und Bergstürze), Rutschungen und Hangmuren. Hinzu kommen Kriterien, wie die Geschwindigkeit und die Dauer der Bewegung. So wird in schnelle und plötzliche oder langsame und kontinuierliche Bewegungen unterteilt.

<u>Bewegungsarten:</u>

Die Bewegungsart oder der Bewegungstyp einer Massenbewegung wird als eines der Hauptkriterien zur Klassifikation betrachtet. VARNES & CRUDEN (1996: 53) unterscheiden, wie schon kurz erwähnt, zunächst zwischen fünf unterschiedlichen kinematischen Typen von

Massenbewegungen: Fallen, Kippen, Gleiten, Driften und Fließen. Diese fünf Typen sind in Abbildung 1 schematisch dargestellt.

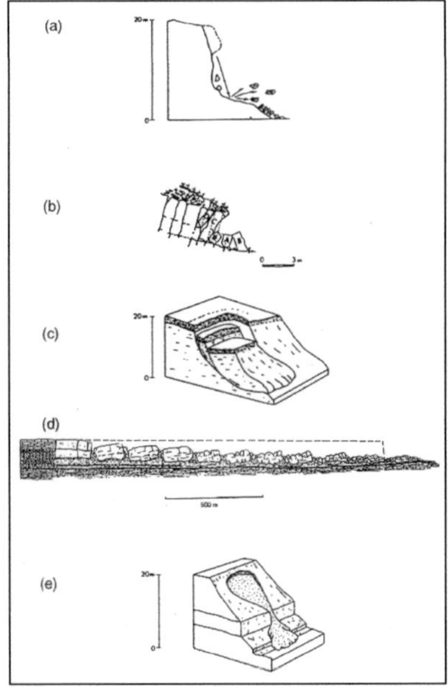

Abbildung 1: Typen von Massenbewegungen, nach Art der Bewegung:
  Fallen (fall)
  Kippen (topple)
  Gleiten (slide)
  Driften (spread)
  Fließen (flow)
Die gestrichelten Linien zeigen die ursprüngliche Bodenoberfläche an.
Die Pfeile bezeichnen die Bewegungsbahnen der verschiedenen Bestandteile der verlagerten Masse.

Quelle: VARNES & CRUDEN (1996: 53)

*Fall*bewegungen können unterschiedliche Ausmaße annehmen, ihnen gemeinsam ist, dass sich das Material entlang einer Trennfläche von einem Steilhang oder Kliff ablöst, wobei sich die Scherspannung im Vorfeld nicht oder nur wenig verändert. Der Abgang des Locker- oder Festgesteins erfolgt im freien Fall, durch Aufprallen und Rollen (DICKAU & GLADE 2002: 40). Die Geschwindigkeit der Bewegung ist sehr schnell bis extrem schnell. Oft gehen dem Fallen kleinere Bewegungen, wie kleine Rutschungen oder Stürze voraus, durch welche die bewegte Masse von der unveränderten Masse getrennt wird. *Fallen* wird oft durch die Unterspülung eines Steilhanges durch einen Fluss oder Wellengang verursacht

Unter dem Begriff *„Kippen"* verstehen VARNES & CRUDEN (1996: 54) vorwärtsgerichtete Rotationsbewegungen einer oder mehrerer Boden- oder Felseinheiten um einen Drehpunkt oder eine Achse unterhalb des Schwerpunktes der bewegten Masse. *Kipp*bewegungen dieser Art können von der Gravitationskraft umliegender Einheiten oder durch das Eindringen von Wasser oder Eis in Klüfte ausgelöst werden. Oft leitet das *Kippen* ein weiteres *Fallen* oder

Rutschen der bewegten Masse ein. Dies ist jedoch unter anderem abhängig von der Geometrie sowohl der Masse als auch der Trennfläche. *Kippe*bewegungen gehören zu den relativ häufig auftretenden Massenbewegungen und können eine Größenordnung zwischen 100m³ und 1 Gm³ erreichen.

Unter **Gleiten** ist eine scherspannungskontrollierte Bewegung einer Gesteins- oder Erdmasse zu verstehen, die die Umlagerung einer oder mehrer Flächen innerhalb eines begrenzten Bereiches beinhaltet (MATTHESS & RUMP-SCHENK 1993: 415). *Gleiten* tritt vor allem an der Bruchoberfläche und an relativ geringmächtigen Zonen mit intensiver Scherspannung auf. Zu Beginn ist die Bewegung zeitlich nicht simultan verteilt über die gesamte Fläche, die später die Bruchoberfläche darstellt. Vielmehr vergrößert sich das Volumen der verlagerten Masse ausgehend von einer zunächst lokal begrenzten Schwächezone. Auch können die verlagerten Massen über die ursprüngliche Untergrundsfläche hinausgleiten. Diese wird dann zur so genannten Separationsfläche.

Driften oder ***laterale Verbreitung*** bezeichnet eine komplexe Massenbewegung, die in manchen geologischen Situationen relativ häufig auftritt. Der Begriff wurde 1948 von TERZAGHI & PECK[1] eingeführt, um eine plötzliche Massenbewegung auf einer wasserführenden Sand- oder Schluffschicht, die von homogenen Tonen überlagert wird, zu bezeichnen. MATTHESS & RUMP-SCHENK (1993: 422) bezeichnen Bewegungen als *laterale Verbreitung*, deren vorrangige Bewegungsart laterale ausgerichtet ist und von Scher- und Spannungsbrüchen begleitet wird. Sie unterscheiden zwischen zwei Typen von *lateraler Verbreitung*. Beim ersten Typ erfolgt eine allgemeine Ausbreitung ohne erkennbare, klar definierte Scherfläche und ohne „Zone des plastischen Fließens" (MATTHESS & RUMP-SCHENK 1993: 422). Dieser Typ findet sich häufig auf Gebirgskämmen. Der zweite Typ beinhaltet Ausbreitung und Zerklüftung von kohärentem Material. Damit sind auch Festgesteine und Erden gemeint, welche durch eine Verflüssigung oder ein plastisches Fließen des darunter liegenden Materials verlagert werden. Bei diesem, zum Teil sehr langsam ablaufenden Prozess, können die Materialien abrutschen, versetzt werden, rotieren oder aufgespaltet werden. Es kann auch zu einer Verflüssigung kommen, die bewirkt, dass das Material den Hang hinab fließt. Diese Massenbewegungen können seitlich Ausmaße von mehreren Kilometern annehmen. Laut VARNES (1978) können solche Bewegungen durch geringe Scherfestigkeit in feinkörnigen Erden schon an sanften Hängen eintreten. Auch in

---

[1] TERZAGHI, K. & PECK, R. B. (1948): Soil Mechanics in Engineering Practice. -566 S; New York (John Wiley & Sons).

glazialen und marinen pleistozänen Sedimenten ist ein *Driften* dieser Art verbreitet (MATTHESS & RUMP-SCHENK 1993: 422).

Laut MATTHESS & RUMP-SCHENK (1993: 419) steht der Begriff **Fließen** für einen Bewegungsvorgang, der in einer Masse stattfinden kann, die völlig wasserfrei bis wassergesättigt ist, da als Verflüssigungsmedium auch Luft fungieren kann.[2] Dieser Vorgang kann je nach Material sehr schnell bis sehr langsam ablaufen. *Fließ*bewegungen im Grundgebirge können durch Faltung, Verbiegung, Aufquellen oder beginnende plastische Verformung bedingt sein. Die Verlagerung muss sich dabei nicht auf einen Bruch konzentrieren, sondern kann von mehreren kleinen Frakturen ausgehen. Diese Bewegungen sind extrem langsam und treten vor allem in reliefintensiven Gebieten auf. Nach VARNES & CRUDEN (1996: 64) ist unter *Fließen* eine räumlich konstante Bewegung gemeint bei der die Scherflächen von kurzer Lebensdauer sind und nah beieinander liegen. Die Geschwindigkeitsverteilung der Masse ist ähnlich, wie bei einer viskosen Flüssigkeit (DIKAU & GLADE 2002: 40). Die Untergrenze der verlagerten Masse kann zum Beispiel eine Oberfläche sein entlang welcher eine andere Bewegung stattgefunden hat (VARNES & CRUDEN 1996: 64). VARNES & CRUDEN zufolge gibt es eine Abstufung von *Gleit*bewegungen (slides) zu Fließbewegungen (flows), die abhängig von Wassergehalt, Beweglichkeit und Entwicklung der Bewegung sind. So können Schutt*gleitungen* (debris slides) zu extrem schnellem Schutt*fließen* (debris flows) werden, wenn sie einen steileren Hangabschnitt erreichen, das verlagerte Material an Kohäsionskraft verliert oder der Wassergehalt steigt (VARNES & CRUDEN 1996: 65).

Auf Grund der schon in der Definition genannten Kriterien der Geschwindigkeit, der Durchfeuchtung des Materials und soeben beschriebenen Bewegungsarten ergeben sich verschieden Formen von Massenbewegungen, die in einem Dreiecksdiagramm von ZEPP (2002: 100) (Abbildung 2) dargestellt wurden.

---

[2] z. B. bei der „Verflüssigung" von Löß. (MATTHESS & RUMP-SCHENK 1993: 419)

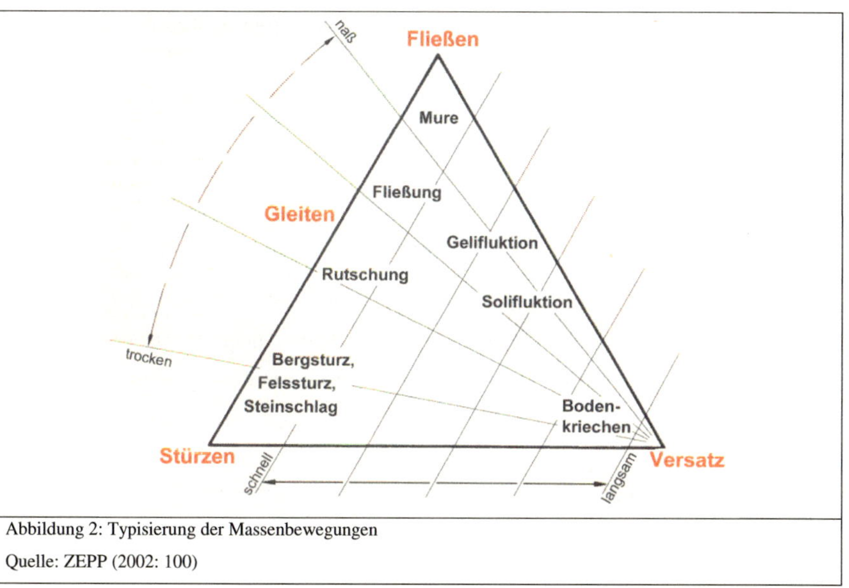

Abbildung 2: Typisierung der Massenbewegungen

Quelle: ZEPP (2002: 100)

Im folgenden werden die wichtigsten Massenverlagerungen genauer erläutert:

Solifluktion ist eine in den Alpen im periglazialen Bereich weit verbreitete Massenbewegung. LESER (1997: 786) versteht darunter „eine Form des Bodenfließens unter den Bedingungen des Permafrostes bzw. des Periglazials sowie der Periglazialen Höhenstufe". Gemeint ist damit eine kriechende Bewegung in der Auftauschicht über noch gefrorenem Untergrund.

Ebenfalls häufig im Hochgebirge und somit auch in den österreichischen Alpen sind *Muren*. Sie besteht aus einem „Strom aus Wasser, Boden, Gesteinsschutt und Blöcken (wobei der feste Materialanteil der M. [Mure] überwiegt" (LESER 1997: 535). Ausgelöst werden die meist mit hohen Geschwindigkeiten abgehenden Muren in der Regel durch Starkregen oder Schneeschmelze an Hängen. Häufig folgen sie vorgezeichneten Tiefenlinien (LESER 1997: 535).

Rutschung bezeichnet laut Leser (1997: 722) „eine gravitative Massenbewegung von Lockergesteinen und/oder Böden an durchfeuchteten Hängen., die aus feinkörnigen Substraten bestehen, die schließlich einen Instabilitätszustand erreichen". Rutschungen können unterschiedlich schnell sein und kleinflächig oder großflächig vorkommen. Ein bekannte Rutschung der österreichischen Alpen ist die Rutschung am Gradenbach in Kärnten.

Bergstürze sind die wohl eindrücklichsten Massenbewegungen der Alpen. Hierbei handelt es sich um „eine plötzliche, katastrophenartige gravitative Massenbewegung vom Locker- und

Festgesteinen an Steilhängen oder Wänden, wobei der Sturz gegenüber dem Gleiten überwiegt" (LESER 1997: 76).

Zu den bekanntesten Bergstürzen in Österreich zählen der große Bergsturz von Köfels (2 km³) (VEIT 2002: 119) und der Bergsturz von Tschirgant.

2.2   Häufigkeiten und Verbreitung in den Alpen

Der Alpenraum ist auf Grund seiner natürlichen Gegebenheiten als Hochgebirgsraum mit einer großen Reliefintensität im Hinblick auf Massenbewegungen besonders gefährdet. Verstärkt wird dies durch die Tatsache, dass es sich bei den Alpen um ein recht junges Gebirge handelt, dessen letzte Vergletscherung noch nicht lange zurückliegt. Auch die Materialbeschaffenheit hat großen Einfluß auf die Häufigkeit und die Größe von Massenbewegungen und daher auch auf die Verteilung ihres Auftretens im Alpenraum. ABELE (1974: 49) bemerkt dazu, dass die „sedimentären Bergstürze häufiger und – statistisch gesehen – größer als die kristallinen" seien. Ihm zufolge fanden die größten Bergstürze im Kalk und Dolomit statt. Brekzien und Konglomerate hingegen seien weniger sturzgefährdet.

In Gneis, gneisartigem Gestein und Schiefergesteinen entstehen in der Regel nur kleinere Bergstürze[3]. In granitischem Gestein sind größere Bergstürze noch seltener (ABELE 1974: 50).

Die Ursache für die größere Häufigkeit im Kalk und Dolomit ist darauf zurückzuführen, dass hier Spannungen, die durch eine Übersteilung des Hanges auftreten können, nicht durch kleine Massenabgänge abgebaut werden. Sie entladen sich oft erst in großen Bergstürzen, wenn eine gewisse Grenze überschritten ist. Auch kann es in diesem Gestein zur Ablösung großer Bruchschollen kommen, falls Schichtflächen talwärts einfallen oder es eine Wechsellagerung mit gleitfähigem oder leicht ausräumbarem Material gibt. So bilden oft tiefgelegene Schichten Gleitflächen, auf denen Bruchschollen von großer Mächtigkeit in Bewegung geraten können. Für die österreichischen Alpen bedeutet dies, dass sich die meisten Bergstürze im Norden des Landes (in den Nördlichen Kalkalpen) ereignen (vgl. Abbildung 5).

---

[3] Von den von ABELE (1974) kartierten Bergstürzen mit einer Flächenbedeckung von über 0,5 km² entfallen 75% auf Kalk und Dolomit und nur knapp 20% auf Gneise, gneisartige Gesteine und metamorphe Schiefer.

Ein zweiter Schwerpunkt liegt im Süden des Landes, wo Österreich Anteil an den Südlichen Kalkalpen hat. Beispiele sind hier die Massenbewegungen der Lienzer Klause oder der Bergsturz am Dobratsch (Kärnten).

Laut ABELE (1974: 50) kommt es in metamorphem Schiefen, Gneisen und gneisartigen Gesteinen vermehrt zu kleineren Massenbewegungen. Er führt dies auf die geringere Standfestigkeit der Gesteine zurück, räumt jedoch ein, dass granitische Gesteine größere Spannungen aushalten können. Da sie aber eine ausgeprägte innere Verzahnung aufweisen, bilden sich hier keine größeren Abgleitflächen aus, auf denen wie im Sedimentgestein große Bruchschollen zu Tale gleiten könnten.

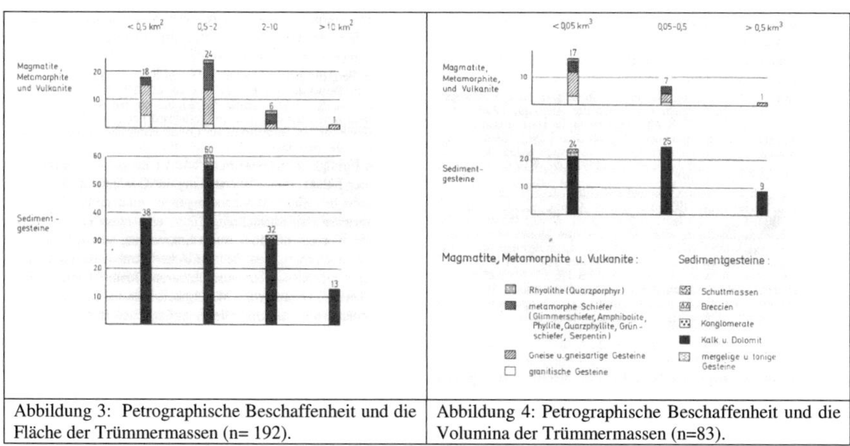

Abbildung 3: Petrographische Beschaffenheit und die Fläche der Trümmermassen (n= 192).	Abbildung 4: Petrographische Beschaffenheit und die Volumina der Trümmermassen (n=83).

Quelle: ABELE (1974: 49)

Die Abbildungen 3 und 4 zeigen die von ABELE (1974) beobachteten Häufigkeiten und die Größe von Bergstürzen in Abhängigkeit vom Material. In Abbildung 5 werden die Ergebnisse von ABELE aus den Jahren 1974 und 1984 kartographisch umgesetzt. Deutlich sind hier die bergsturzreichsten Gebiete der Alpen zu erkennen.

Die größten Bergstürze der Alpen sind im Kalkstein der Bergsturz von Flims/Schweiz (> 9km³) und im Kristallin der Bergsturz von Köfels (2 km³) (VEIT 2002: 119).

Für die Verbreitung von kleineren Massenbewegungen liegen keine kleinmaßstäblichen Karten vor , da sie nicht großräumig statistisch erfasst werden. Es kann daher nur von den Eigenschaften des Untergrundes und den Auslösenden Mechanismen, die einer Massenverlagerung zu Grunde liegen, auf die Verbreitung geschlossen werden. So kommt die

Solifluktion rezent in höheren Lagen mit Permafrost vor. Rutschungen sind besonders dort verbreitet, wo Lockermaterial oder wenig widerstandsfähiges Gestein und viel Niederschlag vorhanden sind. Solche Voraussetzungen finden sich zum Beispiel in der Flyschzone[4] am nördlichen Rand der Alpen. Verbreitungen von Muren und anderen kleinere Massenabgängen können sind kleinräumig und können hier nicht bestimmten Regionen zugewiesen werden. Allgemein gilt für diese kleineren Ereignisse aber, dass sie durch fehlende oder spärliche Vegetation (natürlich oder durch den Menschen beeinflußt), begünstigt werden.

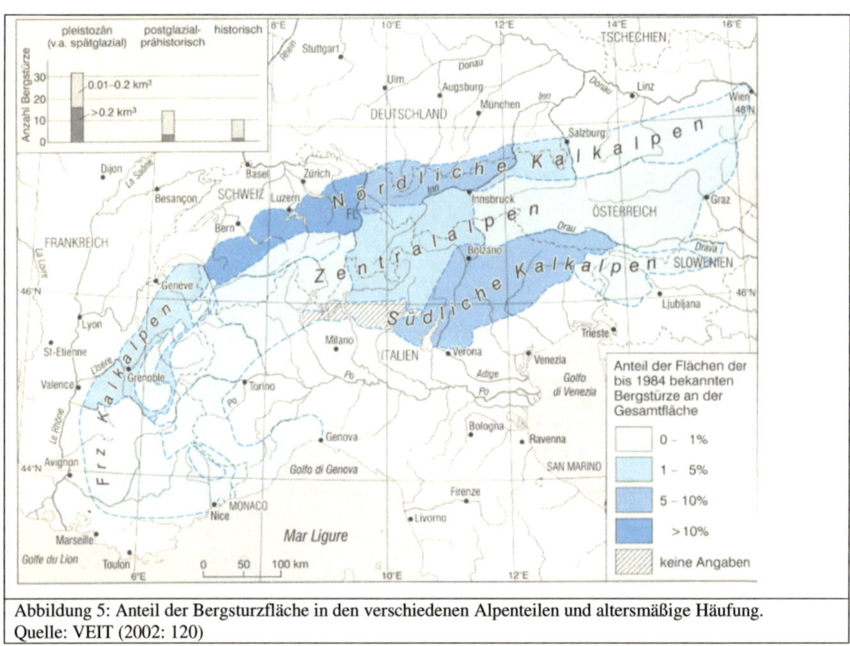

Abbildung 5: Anteil der Bergsturzfläche in den verschiedenen Alpenteilen und altersmäßige Häufung. Quelle: VEIT (2002: 120)

2.3 Datierung von größeren Massenbewegungen in den Alpen

Ein Großteil der Massenbewegungen in den Alpen wird drei unterschiedlichen Zeiträumen zugeordnet in denen sich jeweils vermehrt Massenbewegungen ereigneten.

MANTOVANI (1997: 53), der sich in seinen Untersuchungen auf die Massenbewegungen der Ostalpen bezieht, nennt als ersten Zeitraum den Übergang zwischen Pleistozän und Holozän. Auch ABELE (1974:88) unterscheidet die Massenbewegungen des gesamten Alpenraumes in drei Altersgruppen, von denen die erste ebenfalls im Pleistozän (vor allem im Spätglazial)

---

[4] Flysch: „petrographische Folge von z.T. kalkigen, aber vor allem tonigen, mergeligen und sandigen Sedimenten" (LESER 1997:222), wenig verfestigt und zu Rutschungen neigend.

angesiedelt ist. In dieser Periode haben sich laut ABELE und MANTOVANI hauptsächlich große Massenbewegungen ereignet.

Der zweite Zeitraum einer Häufung von Massenbewegungen liegt laut MANTOVANI (1997: 54) in den Ostalpen zwischen 5000-4000 Jahren vor heute. Er nimmt für diese Periode, die im Klimaoptimum des Atlantikums liegt, vor allem große Fließbewegungen an, dennoch entspricht der Zeitraum ungefähr der, auf Bergstürze bezogenen, zweiten Altersgruppe nach ABELE (1974: 88), nämlich der „postglazial-prähistorischen".

Die dritte Altergruppe ist nach ABELE (1974:88) die der historischen Bergstürze. Auch MANTOVANI (1997: 54) verankert den dritten Zeitraum in der jetzigen Zeit. Er geht davon aus, dass heute vor allem ruhende Massenbewegungen erneut in Bewegung geraten.

In der Forschung wurde bisher allgemein angenommen, dass sich die meisten größeren Massenbewegungen, deren Trümmer in zahlreichen Alpentälern zu finden sind, nach dem Abschmelzen des spätglazialen Eises der letzten Eiszeit ereigneten. Sie wurden also der ersten Periode intensiver Massenbewegungsaktivität, dem Übergang zwischen Pleistozän und Holozän zugeordnet. Es wurde davon ausgegangen, dass sie diese spätglazialen Ereignisse auf Grund des Verlustes des Eiswiderlagers zu Tale gingen (ABELE 1994: 414). Bei mehreren großen Massenbewegungen wurde jedoch durch verbesserte und zum Teil neue Datierungsmöglichkeiten ein wesentlich jüngeres Alter festgestellt. Die beschriebene Einteilung in die benannten drei Zeiträume kann also nicht mehr ohne Vorbehalt für die Alpen angenommen werden, was die Einschätzung der Gefahrenlage in den Alpen grundlegend verändert.

In Österreich wurde in der jüngeren Forschung bei zwei Bergstürze in Nordtirol ein geringeres Alter als bisher angenommen nachgewiesen. Beim ersten handelt es sich um den Bergsturz Pletzachkogel. Die ^{14}C-Datierung zweier Hölzer aus verschiedenen Bohrungen ergaben hier ein Alter von ca. 3630 bzw. 3690 Jahren vor 1950 (JERZ 1999: 39). Der zweite Bergsturz ist der von Tschirgant (an der Mündung des Ötztals in das Inntal). Dieser Bergsturz hatte eine Reichweite von 5 km. Die ^{14}C-Datierung eines Fichtenstammes, der in einer Schottergrube in 10 m tiefe gefunden wurde, ergab ein Alter von ca. 2885 Jahren vor 1950 (JERZ 1999: 39).

Auch für die den großen Bergsturz von Köfels wird ein nacheiszeitliches Alter angenommen. Bei diesem Bergsturz ist schon länger bekannt, daß er sich im Holozän ereignete.

HEUBERGER (1966) datierte ihn mit Hilfe der ^{14}C-Methode auf ein ungefähres Alter von 8710 Jahren (VEIT 2002: 120).

2.4 Zunahme von Naturkatastrophen?

Im Folgenden wird die häufig diskutierte Frage der Zunahme von Naturkatastrophen speziell im Bezug auf Massenbewegungen besprochen. DIKAU & GLADE (2001: 48) stellen die These auf, dass „die durch gravitative Massenbewegungen bedingten Naturkatastrophen weltweit an Häufigkeit und Schadensausmaß zunehmen". Sie räumen allerdings ein, dass die verbesserte Informationslage über Naturereignisse in jüngerer Zeit zu verfälschten Bewertungen führen könne. Abbildung 6 zeigt die minimalen Häufigkeiten der durch gravitative Massenbewegungen verursachten Naturkatastrophen. Die stetige und deutliche Zunahme in den verhältnismäßig gut dokumentierten Jahrzehnten nach 1900 lässt aber darauf schließen, dass hier das Ergebnis durch bessere Informationslage verzerrt ist.

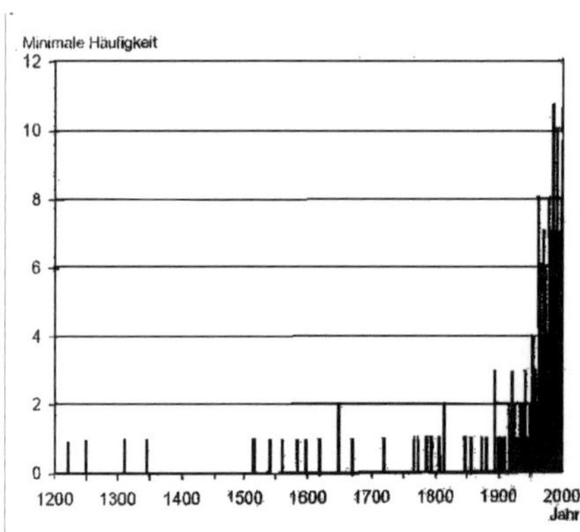

Abbildung 6: Minimale Häufigkeiten der durch gravitative Massenbewegungen verursachten Naturkatastrophen mit mehr als 100 Todesopfern. Quelle: DIKAU & GLADE (2001: 50).

DIKAU & GLADE (2001: 49) gehen davon aus, dass die Zunahme der Katastrophenanfälligkeit und der tatsächlich durch gravitative Massenbewegungen verursachten Naturkatastrophen durch mehrere Faktoren beeinflusst wird.

Ein wichtiger Faktor ist die allgemeine Bevölkerungszunahme und die damit verbundene stärkere Konzentration der Bevölkerung in den sowieso schon dicht besiedelten Gebieten oder auch die Besiedlung stark exponierter und zur Besiedlung weniger geeigneter Regionen. Besonders in den Alpen wird, auf Grund der Bodenknappheit in den Tälern, in Lagen gesiedelt, die zur Bebauung nur mäßig oder nicht geeignet sind und daher über Jahrhunderte unbewohnt blieben. Zusätzlich werden in den Alpen viele hochgelegene Bereiche durch

Skipisten erschlossen. Solche Eingriffe lösen in diesen empfindlich auf menschliches Einwirken reagierenden Regionen oftmals Massenbewegungen aus. Außerdem werden durch die Erschließung ehemals weitgehend unberührter Bereiche manche Massenbewegungen erst bemerkt, beziehungsweise als Gefahr empfunden.

Als einen weiteren Faktor nennen DIKAU & GLADE (2001: 49) die höhere Anfälligkeit moderner Gesellschaften und Technologien.

3 Fazit

In den Alpen kommt es zu Massenbewegungen sehr unterschiedlicher Ausprägung und Größe. Auf Grund dieser Unterschiede ist es schwierig bestimmte Regionen als besonders gefährdet darzustellen. Schwerpunkte der größeren Massenbewegungen (besonders Bergstürze) sind in den österreichischen Alpen die zu Österreich gehörenden Teil der Nördlichen und Südlichen Kalkalpen. Die Flyschzone der nördlichen Randalpen zeichnet sich materialbedingt durch eine erhöhte Anfälligkeit für Rutschungen aus.

Kleinere Massenbewegungen wie Muren usw. können aber in allen Teilen des Hochgebirges vorkommen.

Die Häufigkeiten der Massenbewegungen sind ebenfalls nicht einfach festzumachen. Lange wurde angenommen, dass sich größere Massenbewegungen vor allem nach dem Abschmelzen des Eises der letzten Eiszeit ereigneten. Für mehrer Bergstürze wurde aber ein holozänes Alter festgestellt. Bergstürze sind also auch in den heutigen Klimabedingungen möglich. Es ist jedoch möglich, dass es eine gewisse Häufung dieser Ereignisse nach dem Abschmelzen des Eises gab.

Die heute gefühlte Zunahme von Beeinträchtigungen durch Massenverlagerungen muss nicht unbedingt mit einer realen Zunahme einhergehen. Sie kann auch darauf zurückzuführen sein, dass der Alpenraum als Wirtschafts-, Wohn- und Freizeitraum immer stärker genutzt wird und Bauwerke in Regionen errichtet werden, die früher für die menschliche Nutzung weitgehend unerschlossen waren.

Literaturverzeichnis:

ABELE, G. (1974): Bergstürze in den Alpen – ihre Verbreitung, Morphologie und Folgeerscheinungen. -230 S.; München (Deutscher Alpenverein).

ABELE, G. (1994): Felsgleitungen im Hochgebirge und ihr Gefahrenpotential. - Geogr. Rdsch., **46**, 7-8: 414-421, Braunschweig (Westermann).

DIKAU, R. (1995): Hangrutschungen als Naturgefahr. - Geogr. Rdsch., **47**, 12: 744, Braunschweig (Westermann).

DIKAU, R. & GLADE, T. (2001): Gravitative Massenbewegung – Vom Naturereignis zur Naturkatastrophe. - PGM, **145**, 6: 42-55, Stuttgart (Klett).

DIKAU, R. & GLADE, T. (2002): Gefahren und Risiken durch Massenbewegungen. - Geograph. Rdsch., **54**, 1: 38-45, Braunschweig (Westermann).

HEUBERGER, H. (1966): Gletschergeschichtliche Untersuchungen in den Zentralalpen zwischen Sellrain und Öztal.- Wissenschaftl. Alpenvereinshefte **20**: 1-126, Innsbruck.

JERZ, H. (1999): Nacheiszeitliche Bergstürze in den Bayrischen Alpen. - In: FISCHER, K. (Hrsg.): Massenbewegungen und Massentransporte in den Alpen als Gefahrenpotential. Relief, Boden, Paläoklima, **14**: 31-40, Berlin/Stuttgart (Gebr. Borntraeger).

LESER, H. (Hrsg.) (1997): Diercke-Wörterbuch der Allgemeinen Geographie. -1037 S.; Braunschweig (Westermann) & München (Dt. Taschenbuch Verl.).

MANTOVANI, F. (1997): The frequency of large landslides in the eastern Alps. - In: MATTHEWS, J.A. et al. (Hrsg.): Rapid mass movement as a source of climatic evidence for the Holocene. -444 S.; Stuttgart (Gustav Fischer).

MATTHESS, G. & RUMP-SCHENK, B. (1993): Massenbewegungen. - In: PLATE, E. (Hrsg.): Naturkatastrophen und Katastrophenvorbeugung –Bericht des Wissenschaftlichen Beirats der DFG für das Deutsche Komitee für die "International Decade for Natural Disaster Reduction" (IDNDR). -550 S.; Weinheim (VCH).

TERZAGHI, K. & PECK, R. B. (1948): Soil Mechanics in Engineering Practice. -566 S;   New York (John Wiley & Sons).

VARNES & CRUDEN (1996): Landslide Types and Processes. - In: Turner, A. K. & Schuster, R. L. (Hrsg): Landslides – Investigation and Mitigation. - Transp. Res. Board, Nat. Acad. Sci. Spec. Report 247. – 673 S.; Washington D.C. (TRB).

VEIT, H. (2002): Die Alpen – Geoökologie und Landschaftsentwicklung. -352 S.; Stuttgart (Ulmer).

ZEPP, H. (2002): Geomorphologie – Eine Einführung. -354 S.; Paderborn, München, Wien, Zürich (Schöningh).

Internetquellen

RAETZO & LATELTIN (2003): Massenbewegungen - Rutschungen, Fels- und
  Bergstürze. S. 73-76. - In: OcCC (Hrsg): Extremereignisse und Klimaänderung. Bern,
  S. 73-76.
http://www.proclim.ch/Products/Extremereignisse03/PDF_D/2-08.pdf [REV 20/11/2006]